自然小侦探
草场森林
[波兰] 罗伯特·德兹翁考斯基 / 著
张圣奇 / 译
U0352058
天地出版社 | TIANDI PRESS

这是什么声音？

这是什么声音？是蟋蟀、蝗虫和蝉发出的声音哦！你一定要问了，它们是如何发声的呢？蟋蟀和蝗虫通过摩擦翅膀发出声音；蝉主要生活在气候温暖的地方，它们通过腹部特殊的发声器来歌唱。

在草地上，生活着很多种制造“噪音”的昆虫。其中，最吵闹的要数蜜蜂和大黄蜂啦。很多体型较大的苍蝇也叫个不停，比如肉蝇。

草地一带常常充满昆虫们的欢声笑语。

隐翅虫被激怒时，会摩擦前胸部位，发出轻微的吱吱声。

数一数，第2页至第3页共有多少只昆虫？它们之中谁的叫声最大？请合上书，说出它们的名字。

如何区分甲壳虫和金龟子呢？

很简单！鞘翅目昆虫俗称甲壳虫，这个家族包含了很多成员，其中就有金龟下目，而金龟子就属于金龟下目的一员。科学家们认为在这个世界上有几百万种甲壳虫。

鞘翅目包含各种各样的昆虫，最小的成员体长只有两毫米，而最大的成员体长可达15厘米！这个族群的主要特点是它们那质地坚硬的鞘翅，它们可凭借鞘翅自由自在地飞行。

金龟下目包括鳃角金龟和屎壳郎等。

数一数，第4页至第5页共有多少只昆虫。这些昆虫都属于鞘翅目。再数一数属于金龟下目的成员，它们有什么区别于其他甲壳虫的特点呢？

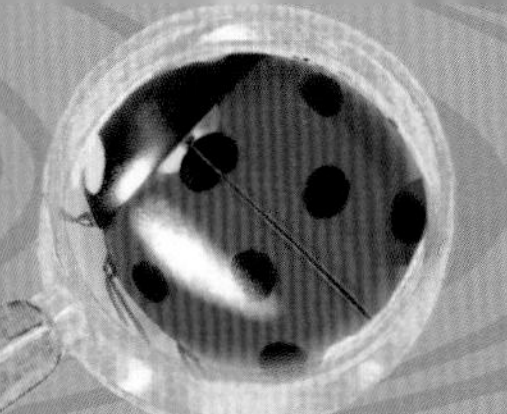

这个女人抱的是鼬鼠还是貂鼠？

达·芬奇的名作《抱鼬鼠的贵妇》，实际上画的是一位怀抱貂鼠的女人。为什么会产生如此错误呢？事实上，人们很容易将貂鼠错认作鼬鼠。区分这两种动物最简单的方法是看它们的尾巴。貂鼠的尾端通常是黑色的，而鼬鼠的尾巴则和身体其他部位的毛色相同。外形相似的动物还有水貂和雪貂等。

仔细观察图中的动物，说说它们有什么不同之处。

数一数：第6页至第7页共有多少种动物？

松貂和石貂的腹部毛色不同。

松貂的腹部是黄色的，石貂的腹部则是白色的。

它们是老鼠吗？

不是。这种啮齿目动物被称为睡鼠。它们虽然看起来有点像老鼠，不过可不是老鼠哦！

老鼠的尾巴很细，上面不长毛。睡鼠的尾巴则很粗，上面覆盖着毛发。当它们冬眠时，会用尾巴盖住身体。

在这里贴一只
园睡鼠

榛睡鼠

园睡鼠

正在冬眠的榛睡鼠

老鼠有长鼻子吗？

当然没有！不过，有一种动物长得和老鼠相似，至少身体大小和体型很像，却长着长鼻子。它们的鼻子对触觉和气味非常敏感。这种动物的名字是鼩鼱。比起老鼠，它们与鼹鼠、刺猬的亲缘关系更近。它们可不是有害生物哦。在波兰，鼩鼱是保护动物。

姬鼩鼱是地球上体型最小的哺乳动物之一。它们通常体长不超过4厘米。

怎样区分老鼠和田鼠？

鼩鼱比老鼠的耳朵更小，尾巴更短，身体也更为纤细。

松田鼠、田鼠也常常被当作老鼠，其实，它们都属于仓鼠科。它们与老鼠的区别究竟在哪里呢？在于它们耳朵的大小和尾巴的长度。

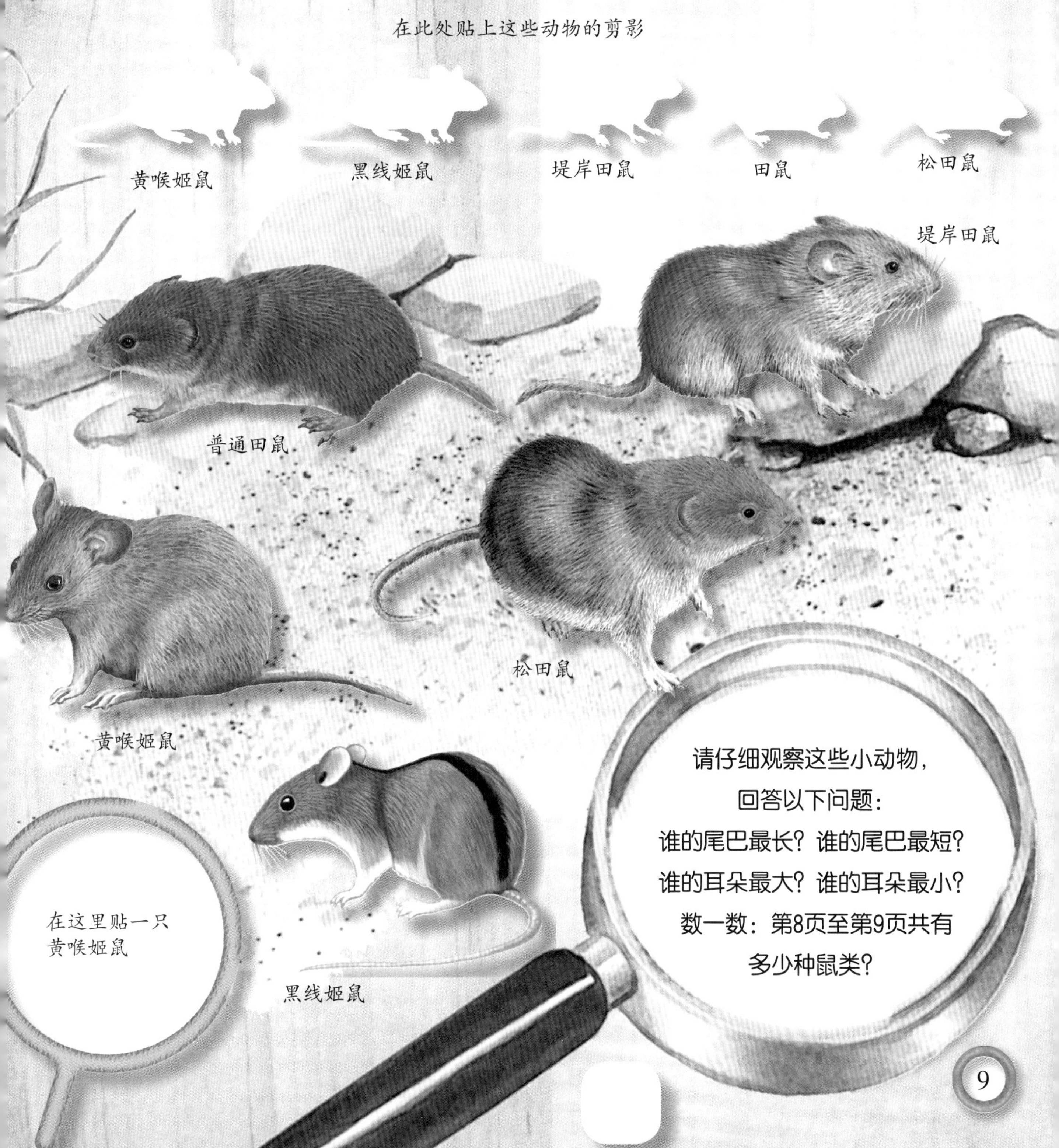

蛾和蝴蝶有什么不同？

让我们先来了解一件事：蝴蝶在白天活动，换句话说，它们是日行性动物；蛾却是夜行性动物。它们的外形有什么不同呢？蛾通常是灰色、白色或棕色的；蝴蝶则长着五颜六色的翅膀，非常绚丽夺目。

蝴蝶有很多不同的种类。在休息时，蝴蝶的翅膀合拢、竖直在背部；蛾则将翅膀平展在身体两侧。蝴蝶的触角纤细，端部膨大；蛾的触角则形状多样，端部也并不膨大。

谁生活在树上？

仔细观察这棵茁壮的栎树！树上有很多动物，它们有大有小，体型各不相同。有的动物只是来到树上捕捉猎物，有的动物则以它的叶子和果实为生，还有的动物把这里当作绝佳的藏身之处。你能说出这些动物的名字吗？

通过观察这棵大树，可以画出一条食物链。食物链可以表示生物间的吃与被吃的关系。以下就是一条食物链：猞猁——猫头鹰——老鼠——植物的果实。贴一贴，完成下面的食物链。

食物链

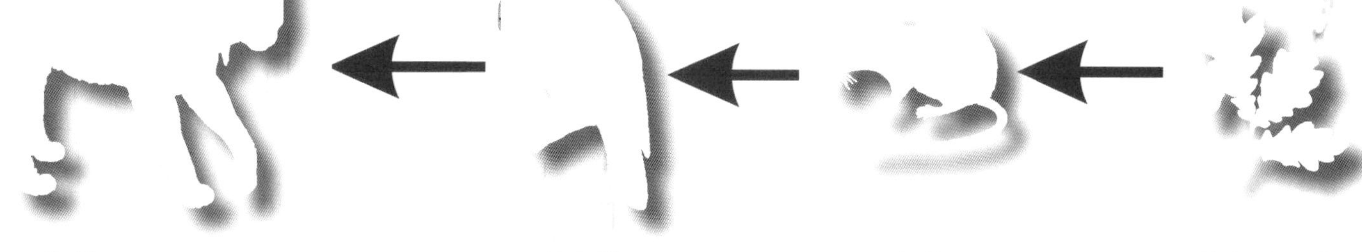

猞猁　　猫头鹰　　老鼠　　植物的果实

不过，一棵树上往往拥有不止一条食物链哦。多条食物链构成了食物网。

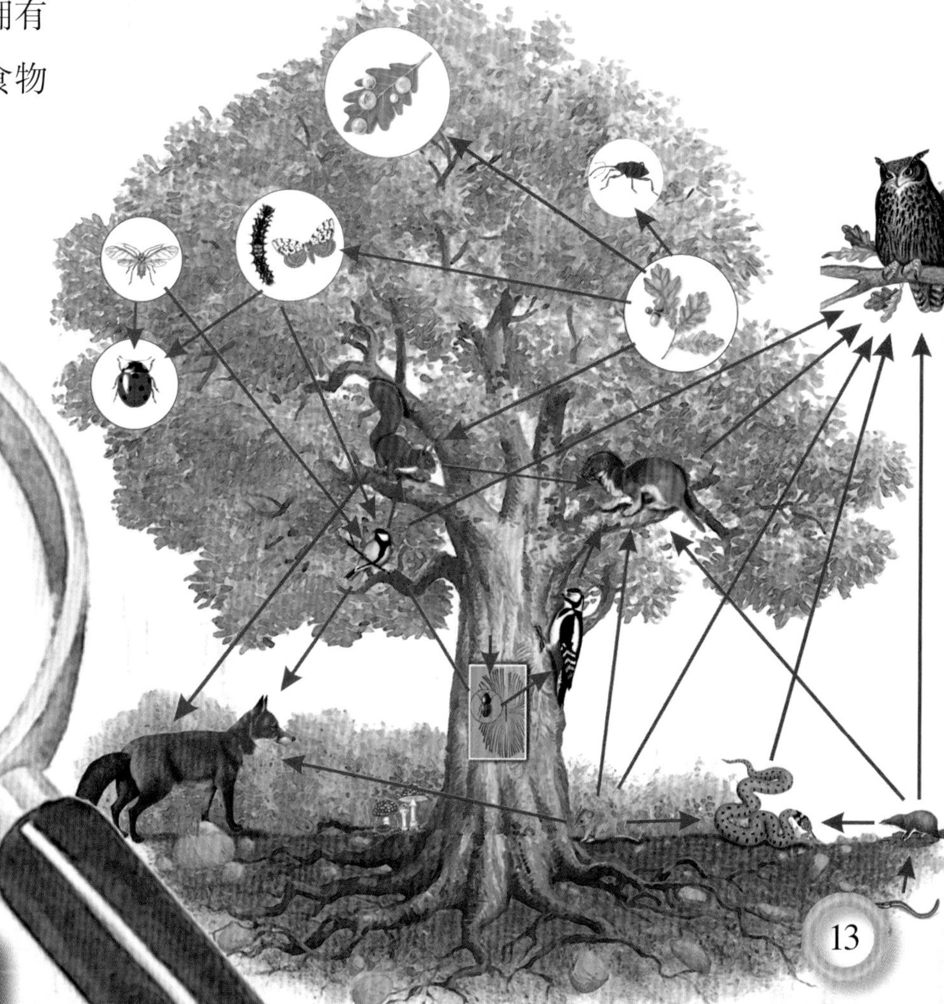

你能说出生活在树上的动物的名字吗？

你能说说它们各自的生活习性吗？

仔细观察树上的食物网。你一共看到了多少条食物链？如果你找到了四条以上，就可以获得奖励——一张特别的贴纸！

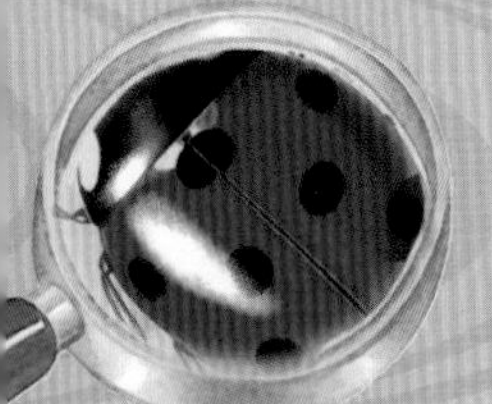

这是什么树的叶子呢？

请仔细观察这些树叶……它们属于不同种类的枫树哦！

在所有的枫树中，梣叶槭的叶片最为特别。这种树产于北美洲，最开始时只在花园中种植。现如今，这种树太多了，以至于常常被砍除。

桦树也是一种常见树。桦树的叶片和枫树完全不同。在欧洲有很多白桦——这个名字来自于树皮的颜色。如果你仔细观察，会发现它们的树皮果真是白色的。

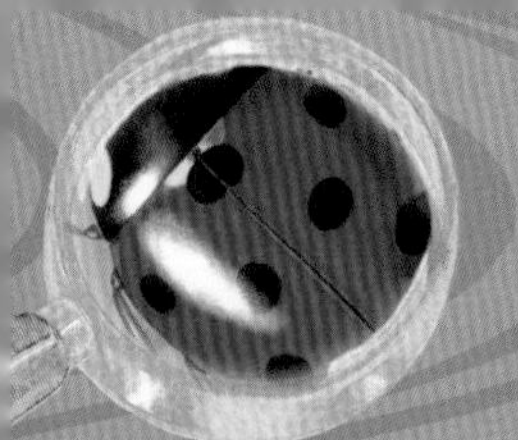

松树有哪些种类？

哪种树长着球果？是松树哦！你可以通过球果的形状和大小来鉴别树种。

现在，你已经了解如何鉴别不同种类的松树了。请仔细观察这些球果，说说哪个最大，哪个最小。再数一数一共有多少棵树、多少个球果。

这是什么种类的栎树？

波兰最常见的栎树是英国栎和无梗花栎，人们可以通过果实来鉴别它们的种类。英国栎的果实长在长长的花梗上，无梗花栎则没有长长的花梗。

通过观察叶片的不同，也可以区分这两种树。英国栎的叶柄很短，无梗花栎的叶柄则很长。

栎树的侧视图

即使风很小，山杨的叶片也很容易落下，你知道这是为什么吗？这是因为叶柄长的缘故。

银白杨叶片的背面是灰色或白色的。

分别数一数栎树和山杨的叶子，说说它们有什么不同，你能找出多少不同呢？英国栎和无梗花栎又有什么不同呢？如果你能答出来，就能获得奖励哦——一张特殊的贴纸！

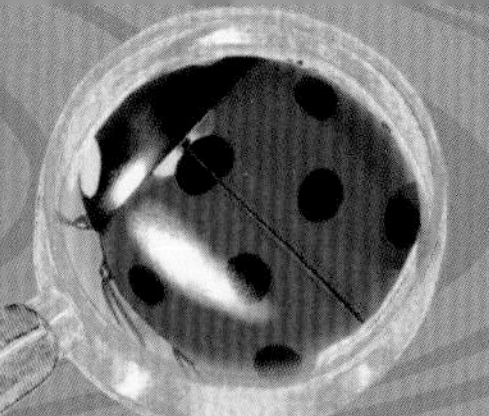

蕨类植物开花吗？

你永远也找不到蕨类植物的花朵，因为它们从不开花！它们属于隐花植物。大约有50种蕨类植物分布于波兰。

一般的蕨类植物也能通过光合作用制造有机养料。它们在地球上已生存了几亿年，历史相当悠久！

苔藓呢?

苔藓植物也不开花，这一点和蕨类植物相同。苔藓植物的种类繁多，在波兰，大约分布着700种之多。最常见的是泥炭藓和扁枝藓等。

果实，是可爱、美味还是危险？

森林中生长着各种各样的灌木，它们长着小巧可爱的果实，就像小珠子一样。不过，你要当心，很多种类是有毒的哦！

欧亚瑞香的3至4颗果实就可导致人死亡。

仔细观察第22页至第23页中植物的果实，哪些植物的果实可以吃呢？

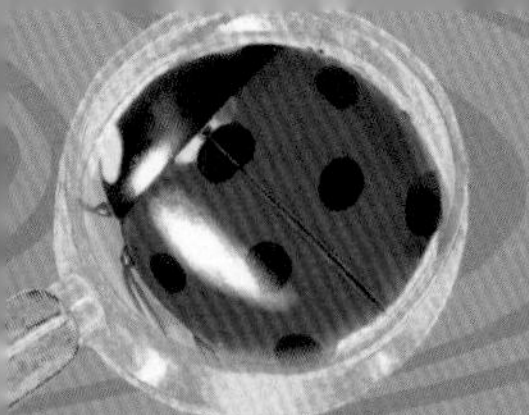

谁生活在树干中？

对于很多小动物来说，一棵死去的大树也许就是它们的整个世界了。它们在这里出生、生活、越冬。请仔细观察这棵大树，在树皮里面你会发现很多小动物！

树桩里往往栖息着很多蚂蚁。它们先挖出一个洞，在经过漫长的工作后，它们还会为这个复杂的建筑加一个“圆屋顶”！

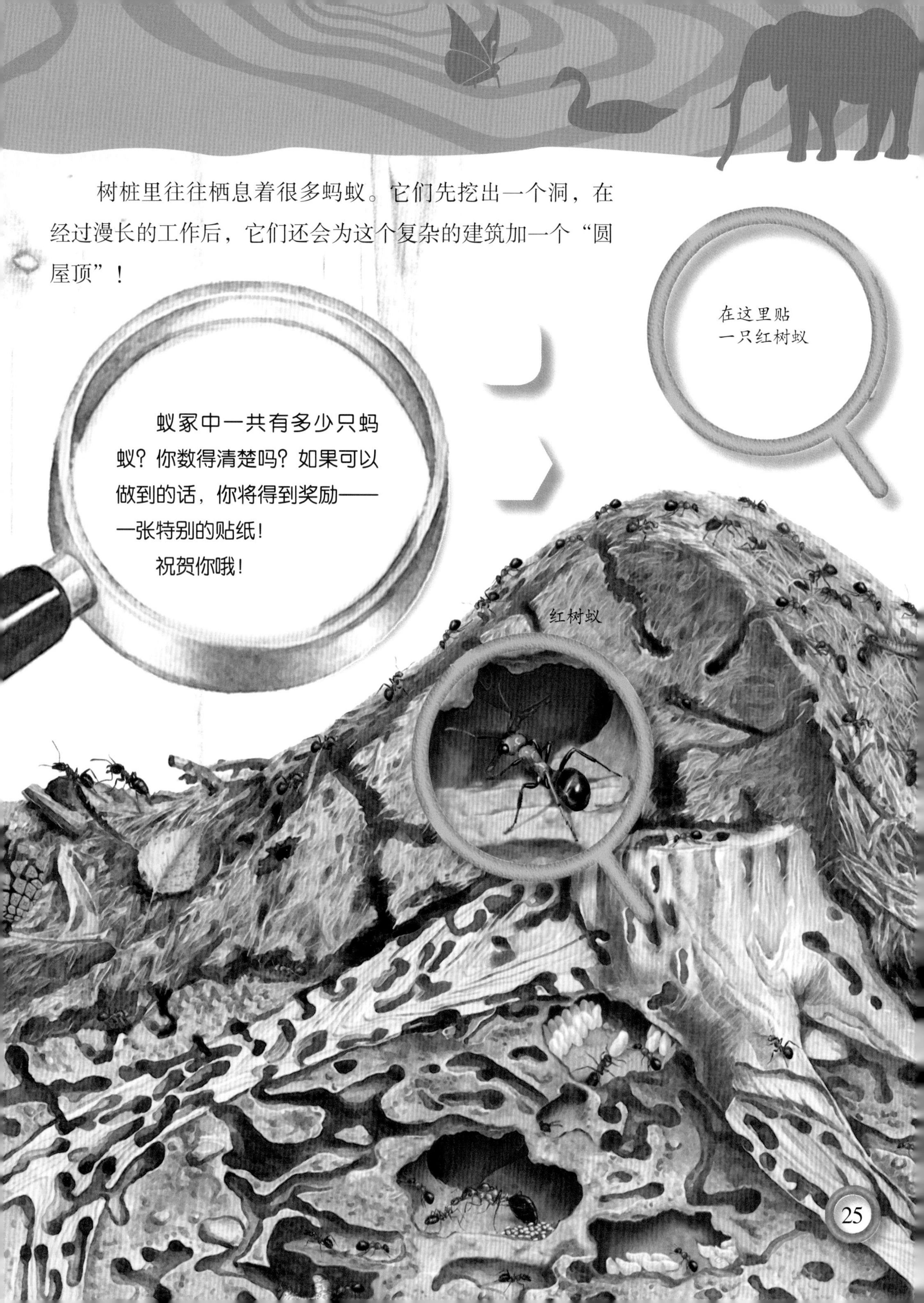

谁在夜里不睡觉?

夜行性动物在白天时藏在窝里休息，夜晚外出觅食。最为人们所熟知的夜行性动物有猫头鹰、野猪、蝙蝠和蛾子等。

最好选择无云、满月的夜晚来观察夜行性动物。请随身携带双筒望远镜，一定不要暴露自己哦!

你能在黑暗中看清事物吗？让我们来试试吧！数一数你在夜晚的森林中看到的动物，一共有多少只呢？它们中有多少会飞呢？

大象有手吗？

自然界中的大象分为两个种类，它们的区别在哪儿呢？非洲象比亚洲象个头大，也更重一些。非洲象的耳朵也比亚洲象的大，耳朵用来散热，还可以吓跑敌人呢！亚洲象生活在丛林中，它的耳朵较小，这使它能够轻易在灌木间穿行；它们的牙也比较短。

在这里贴上非洲象和亚洲象

非洲象　　亚洲象

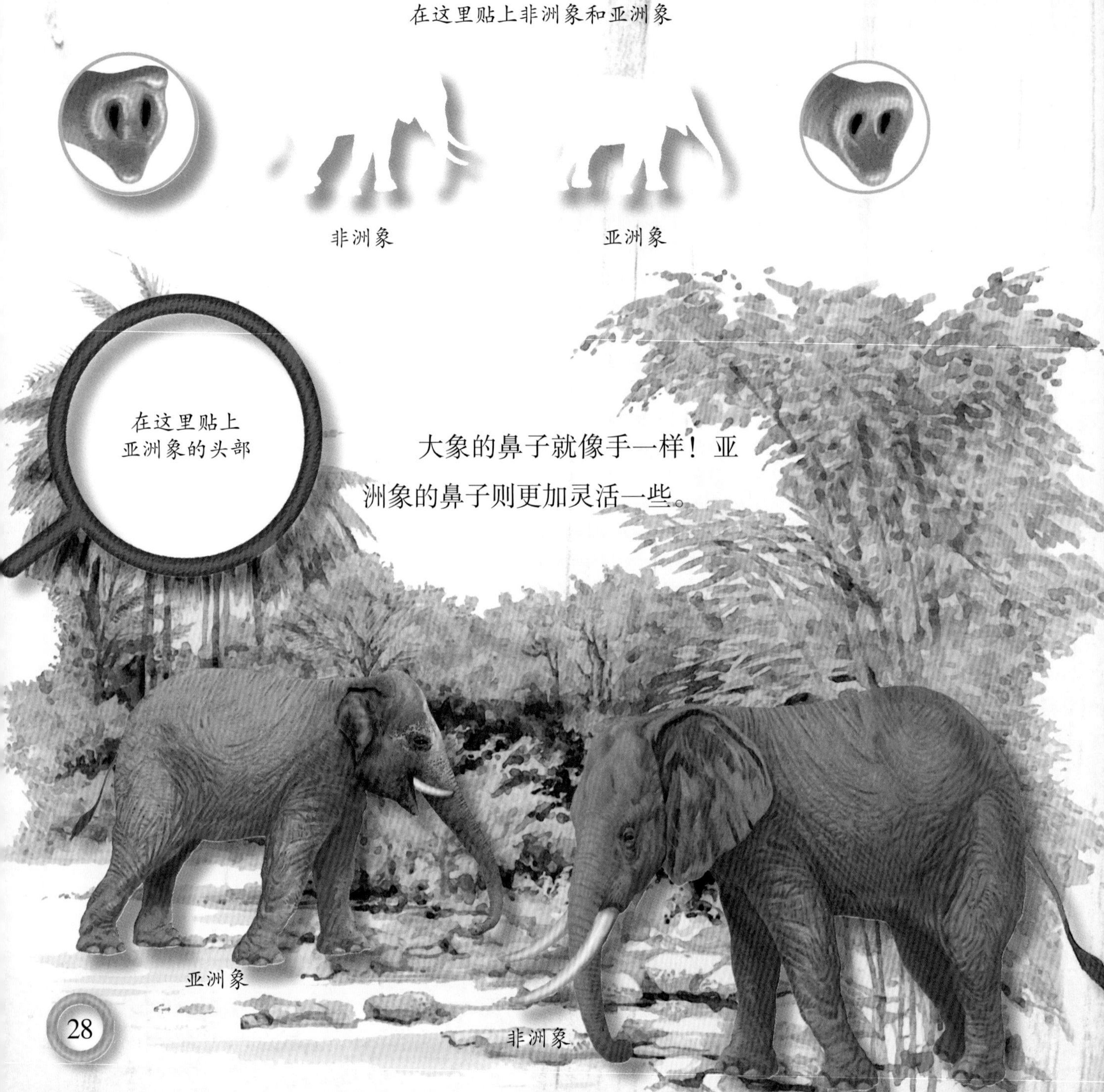

大象的鼻子就像手一样！亚洲象的鼻子则更加灵活一些。

亚洲象

非洲象

美洲野牛还是欧洲野牛？

美洲野牛和欧洲野牛有什么不同之处呢？这个问题好难啊！它们的体型相似，都比较强壮。不过，美洲野牛看起来要大一些，因为它们身体前部的毛发稠密，它们的腿则短而细，呈弯曲状。波兰没有美洲野牛（动物园中饲养的除外），不过，这里有野生的欧洲野牛哦！

在这里贴上美洲野牛和欧洲野牛

美洲野牛　　欧洲野牛

欧洲野牛

欧洲野牛的牛犊

你能列举出非洲象和亚洲象的不同之处吗？如果你能答出来，就将获得奖励——一张特别的贴纸！如果答不出来，那么请回答这个简单的问题：波兰有野生的美洲野牛吗？欧洲野牛呢？

美洲野牛

美洲野牛和欧洲野牛都是食草动物。欧洲野牛生活在森林中，美洲野牛则生活在北美洲的草原上。

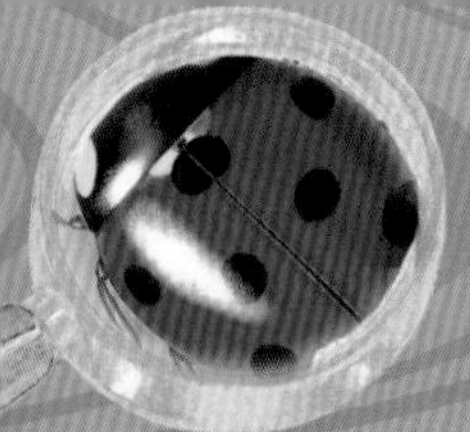

狐狸打洞吗？

所有种类的狐狸都喜欢打洞！北极狐在雪地上打洞，赤狐在土地上打洞，大耳狐则在沙地上打洞。

赤狐的脚印

赤狐的脚印和狗的脚印很相似。不过，由于赤狐体型较为纤瘦，因此脚印并不明显。这些脚印通常排列成直线，猎人一眼便可以认出来。

通常情况下，狐狸的粪便是圆柱形的。

赤狐

在这里贴上赤狐

赤狐的粪便

在狐狸家族中，北极狐的耳朵最小。小耳朵可以有效避免冻伤。大耳狐生活在沙漠中，它们利用大大的耳廓来散热。

不同种类的狐狸具有相似的体型，在这里贴上北极狐、赤狐和大耳狐。

你能说出赤狐、北极狐和大耳狐有什么不同吗？谁的耳朵最大？谁的耳朵最小？

家兔和野兔有什么不同？

第一眼看去，家兔和野兔的外形十分相似。不过，如果仔细观察，还是有一些区别的。野兔的个头要大一些，体重约为3~6千克，而家兔重约1.4~2.5千克。野兔的腿更加粗壮，耳朵也比家兔的长。刚出生的小野兔就长着毛，眼睛也是睁着的；而刚出生的小家兔体表无毛，眼睛也紧紧闭着。

野兔

野兔的足迹

家兔擅长打洞，它们建造的“地下隧道”结构十分复杂，其中还包括“婴儿室”和“食品仓库”等。

家兔

家兔的足迹

这是家猫、野猫，还是猞猁呢？

猞猁的体型比野猫大得多。它们的显著特征是耳朵尖上的一撮毛。人们很难明确地说出野猫和家猫的不同之处，因为它们之间经常杂交。似乎在欧洲已经没有纯种的野猫了，人们认为它们或多或少都带有家猫的基因。野猫比家猫的个头大，也更重一些，背部分布着条纹。野猫的尾巴更粗，上面的毛发也更加稠密。

野猫的足迹

家兔和野兔有哪些不同之处？如果你能说出四点以上，就将获得奖励——一张特别的贴纸！猞猁、野猫和家猫有哪些不同之处？如果你能说出三点，你将再获得一张特别的贴纸！祝贺你哦！

谁是速度之王？

人们可以通过背部的花纹来区分花豹和美洲豹——美洲豹背部的圆形花纹中还有一个小黑点。

猎豹是奔跑速度极快的猎食者。它短跑的速度可达100千米/小时。猎豹和花豹、美洲豹的区别在于体型以及腿长（在所有的猫科动物中，猎豹的腿最长）。

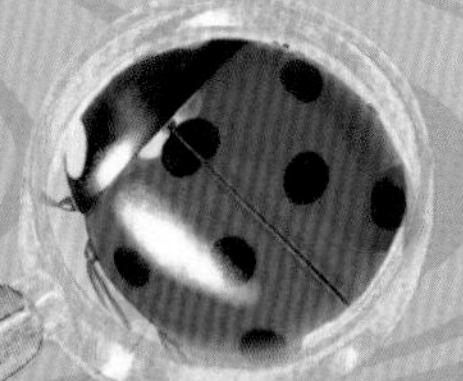

马鹿和狍子有什么区别？

在一些情况下，很多人误把狍子当作雌性马鹿。它们其实是两个不同的物种。

狍子的足迹

狍子的个头比马鹿小得多。雄性狍子的体重可以达到35千克，雌性只有25千克。

狍子角的生长变化

雄狍子会换毛

小狍子

雌性狍子

马鹿有角吗？

马鹿是一种体型较大的动物，雄性个体的体重可达350千克！

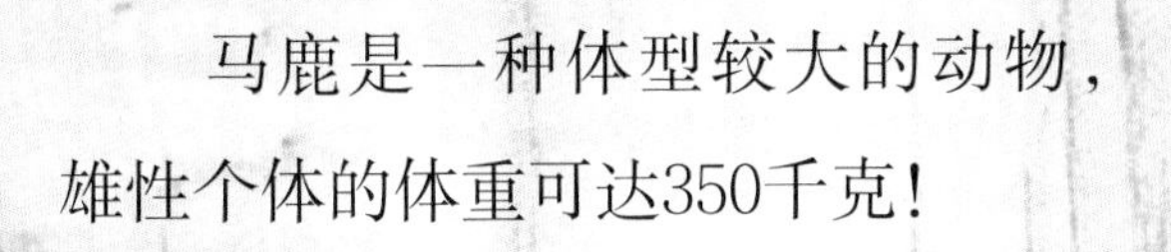

马鹿的角很大，且只有雄鹿才有角，一般分为6或8个叉，个别可达9~10个叉。

马鹿的足迹

鹿角的生长

雄性马鹿

雌性马鹿

关于鹿的知识，你掌握了多少呢？我们来检测一下吧！

回答问题：

狍子和马鹿有哪些不同？

如果你答对了，就能获得奖励——一张特别的贴纸！

在这里贴一只雌性马鹿的头

熊的体色是什么颜色呢？

熊是一种体型巨大、强壮有力的动物，它们的脑袋大，脖子短，下巴前伸。棕熊的体色为深褐色，北极熊则为白色。

不同种类的熊不仅体色不同，体型大小也不尽相同。

棕熊

北美灰熊是棕熊的一个亚种，它有一个体型较小的亲戚——美洲黑熊。

黑熊

在这里贴一只棕熊的头

在熊家族中，北极熊是体型最大的成员。最大的北极熊，体重竟然超过1吨！

北极熊

北极熊的脚印

北极熊的脚印令人联想起人类的足印。不过，北极熊的脚可大多了，它们还长有锋利的爪。

贴上对应熊的贴纸

北极熊

棕熊

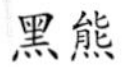

黑熊

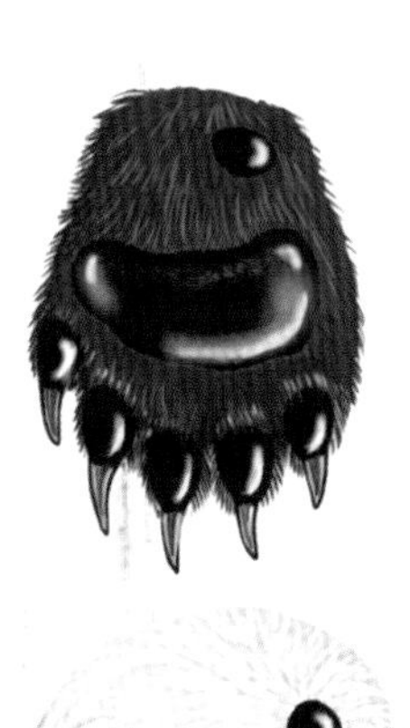

黑熊和北极熊的爪

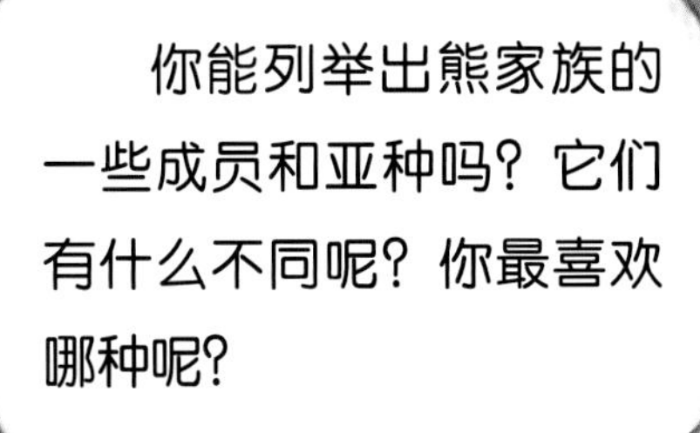

你能列举出熊家族的一些成员和亚种吗？它们有什么不同呢？你最喜欢哪种呢？

啄木鸟戴着什么帽子？

不同种类的啄木鸟有什么区别？它们的“帽子”不一样！黑啄木鸟最容易辨认，它也是体型最大的啄木鸟！斑啄木鸟（大斑啄木鸟、小斑啄木鸟、三趾啄木鸟）就不太好辨别了。欧洲绿啄木鸟和灰头绿啄木鸟也不太容易区分。

斑啄木鸟身上的斑点

那是乌鸦吗？

乌鸦是鸦科中的一种。人们可以通过体型和羽毛颜色的不同来区分不同种类的鸦科鸟类……不过，这可不是一件容易的事哦！渡鸦是最易辨别的种类，它们的个头最大，尾巴呈菱形，这也是渡鸦最为显著的特征之一。

请在这里贴上渡鸦、白嘴鸦和寒鸦的身体轮廓的贴纸

白尾海雕还是金雕？

第一眼看去，这两种鸟非常相似。而且，它们都属于鹰科，而雕作为一个不同的亚科，包括白尾海雕、金雕、小乌雕、乌雕等。

鹰的腿部长着羽毛，这是它们区别于其他鸟类的显著特点。

成年的白尾海雕尾部的白色羽毛很长。

人们还可以通过鸟类飞行中的姿态来辨别它们的种类，如仔细观察它们的翼展宽度等。

数一数，第42页至第43页中共有多少只鸟？有多少只鸟正在飞？

遮挡住文字，指出哪只鸟是金雕，哪只鸟是白尾海雕。

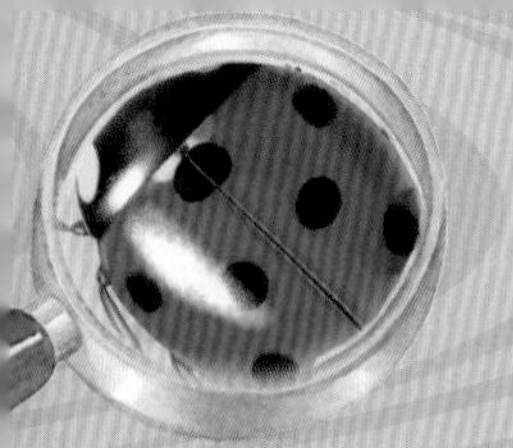

哪些植物可以吃呢？

几千年来，人们一直以不同植物的种子为食。人们将其称作粮食。你可以通过观察穗的形态来区分不同的粮食作物。

小麦是最为人们所熟知的粮食作物，它制成面粉可用来制作面包。人们曾经使用黑麦稿秆来建造屋顶。燕麦可用来制作麦片，它常常出现在你的早餐桌上。粟的种子就是小米。

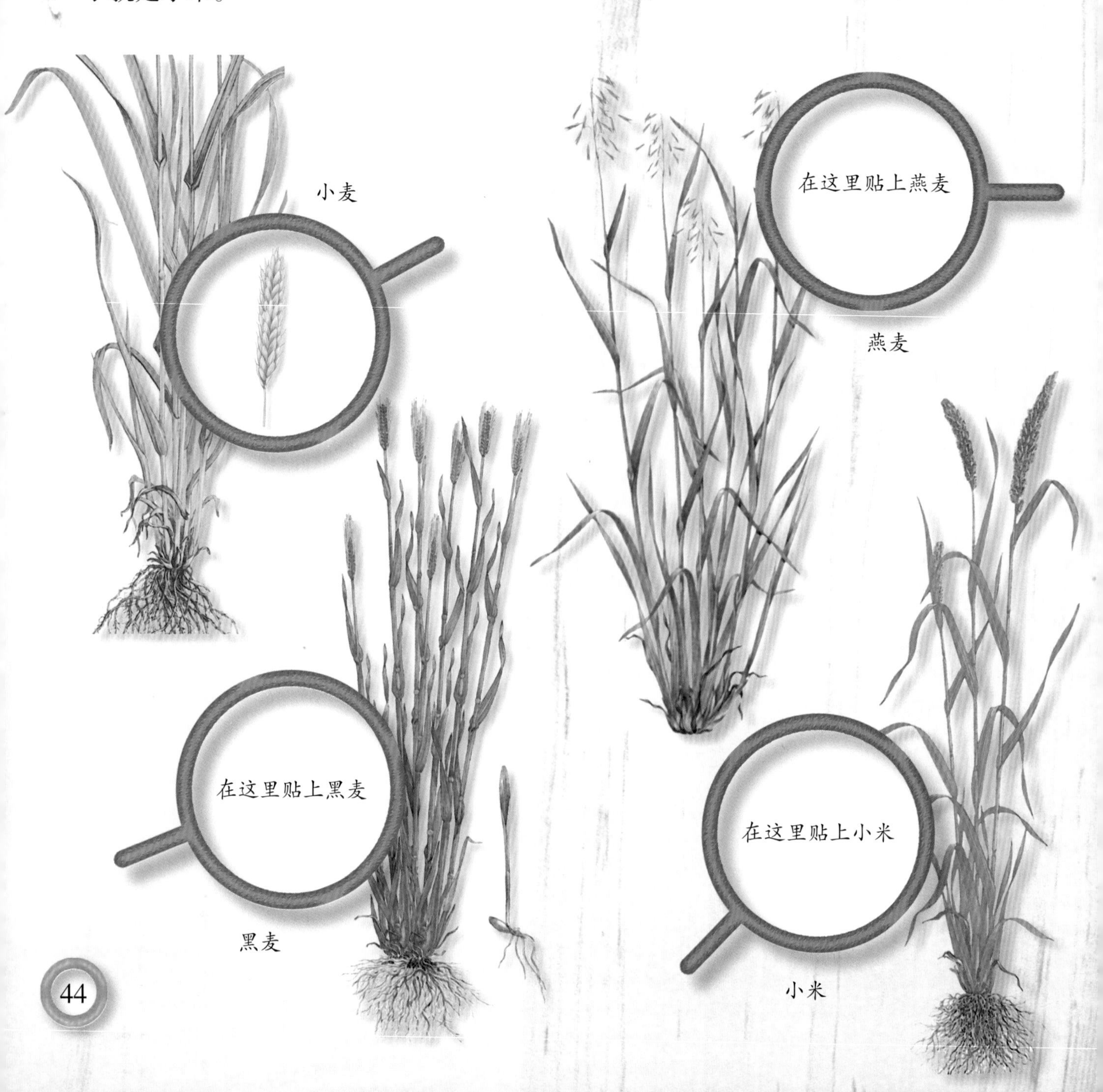

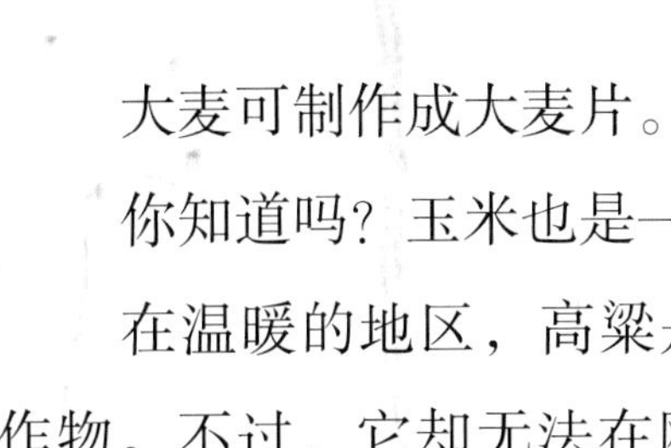

大麦可制作成大麦片。

你知道吗？玉米也是一种粮食作物。

在温暖的地区，高粱是一种普遍的粮食作物。不过，它却无法在欧洲生长。人们种植稻子的历史已超过五千年。

在这里贴上稻子

稻子

在这里贴上玉米

玉米

请回答下列问题：
哪种粮食作物的种植最为普遍？
哪种植物可用来加工成小米？
玉米是粮食作物吗？
如果你答对两个以上的问题，
就将获得奖励——
一张特别的贴纸！祝贺你！

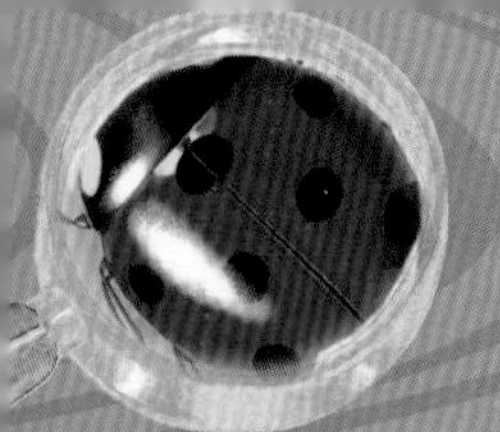

黄蜂有毒针吗？

当然有啦！熊蜂和它的亲戚——黄蜂和蜜蜂都有毒针。

如何区分蜜蜂和黄蜂呢？黄蜂的身上有黑黄相间的条纹，它们的身体较为纤细。蜜蜂的体色为棕色，条纹不明显，看上去比黄蜂胖一些。而且，蜜蜂的体表多毛。

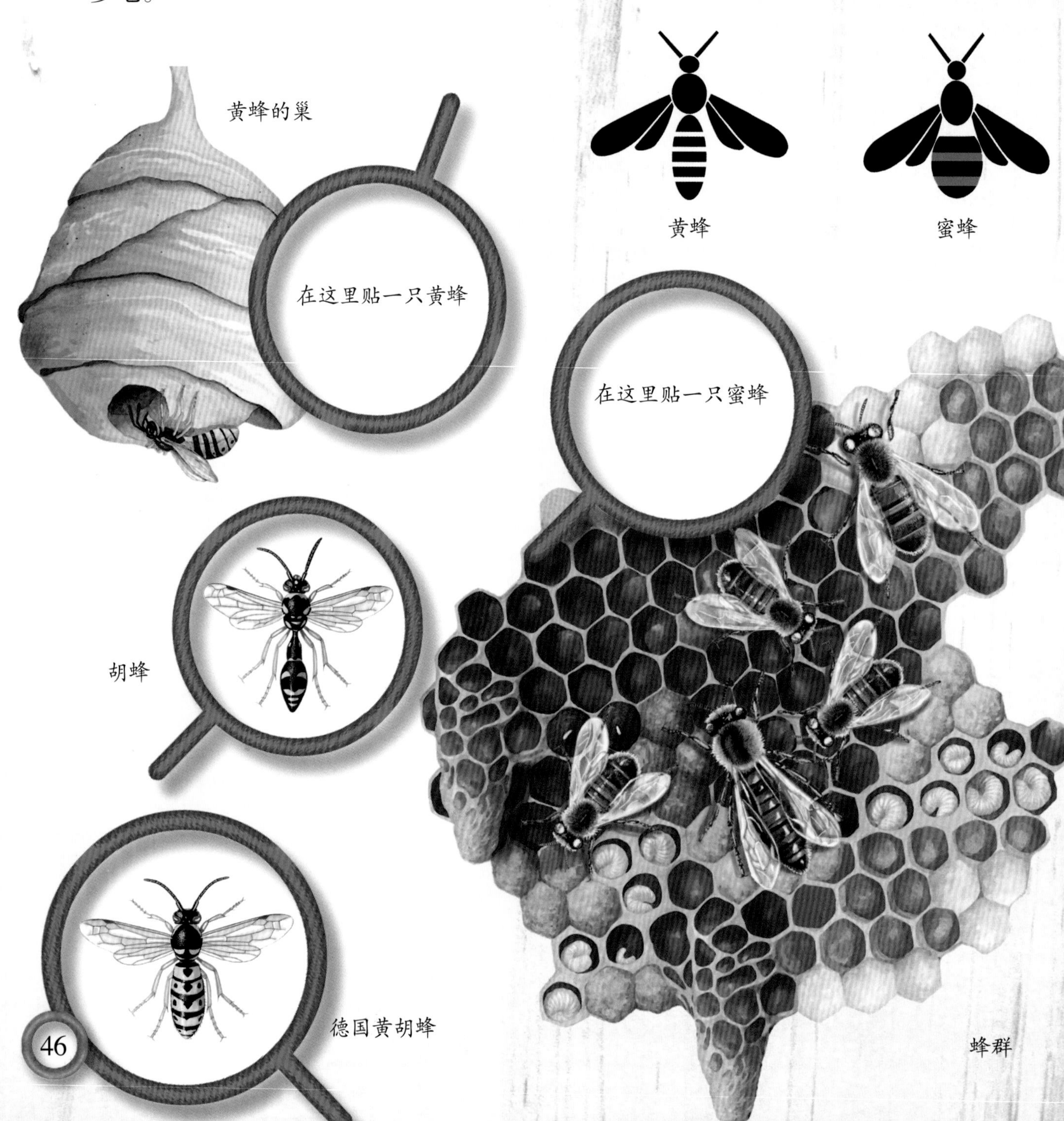

熊蜂会攻击人吗？

熊蜂几乎从不主动攻击人类，它们常常躲着人类。只有当它们走投无路时，才会蜇人。熊蜂不会将毒针留在人的皮肤中，因此，释放的毒液量也比较少。

不同种类的熊蜂

拟态是自然界中一种常见的现象。一些不具攻击性的昆虫和它们长着毒针的“亲戚”很像！食蚜蝇和杨干透翅蛾就常常被人们当作蜂类。

食蚜蝇

杨干透翅蛾

数一数，第46页至第47页共有多少只昆虫？谁在采蜜？谁长着毒针？拟态是什么意思？如果你能回答正确所有的问题，就将得到奖励——一张特别的贴纸！祝贺你哦！

关于草场森林的“侦探之旅”就要结束了，接下来，还有更为新奇有趣的探索之旅等你发现。

自然小侦探，出发吧！

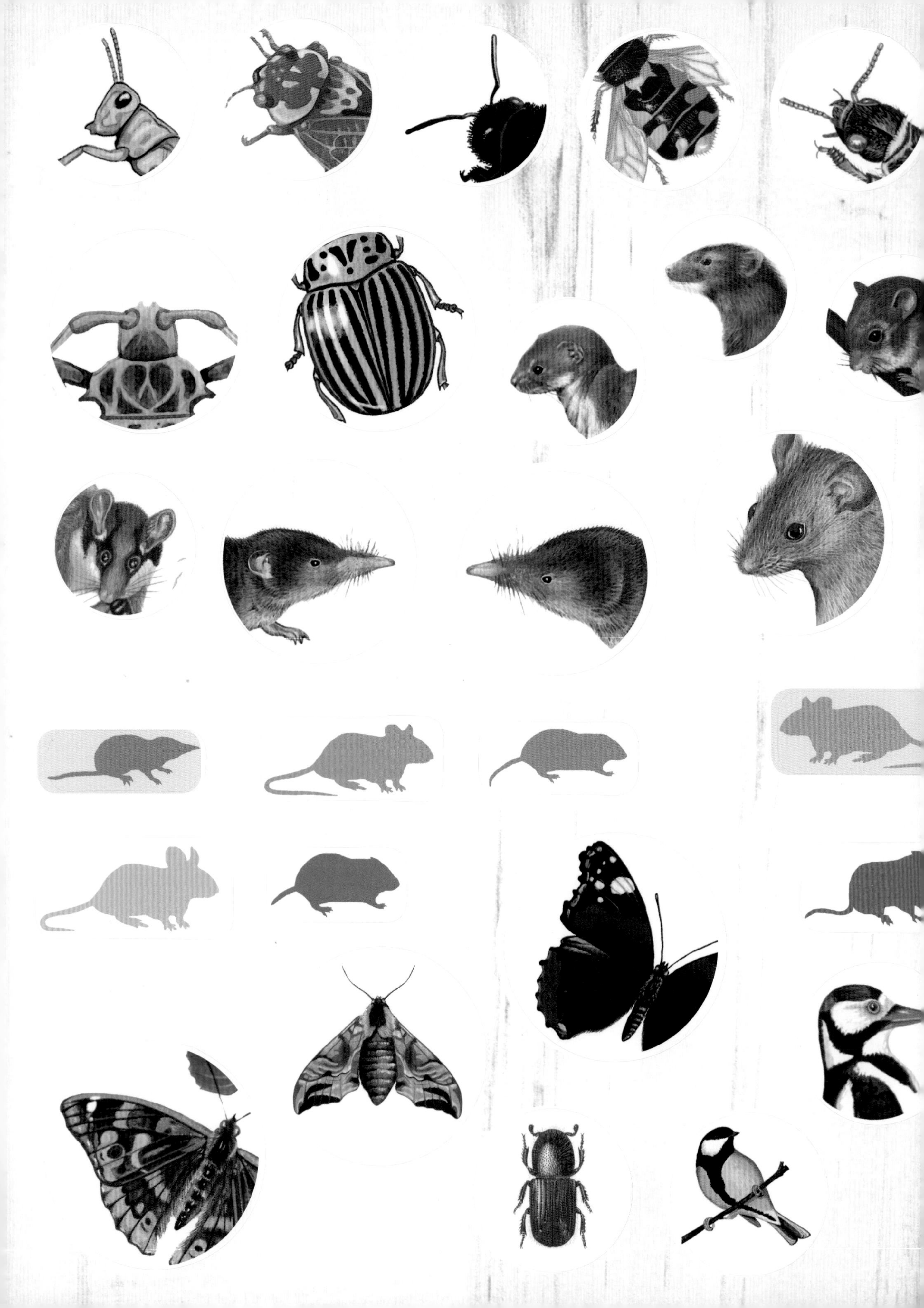

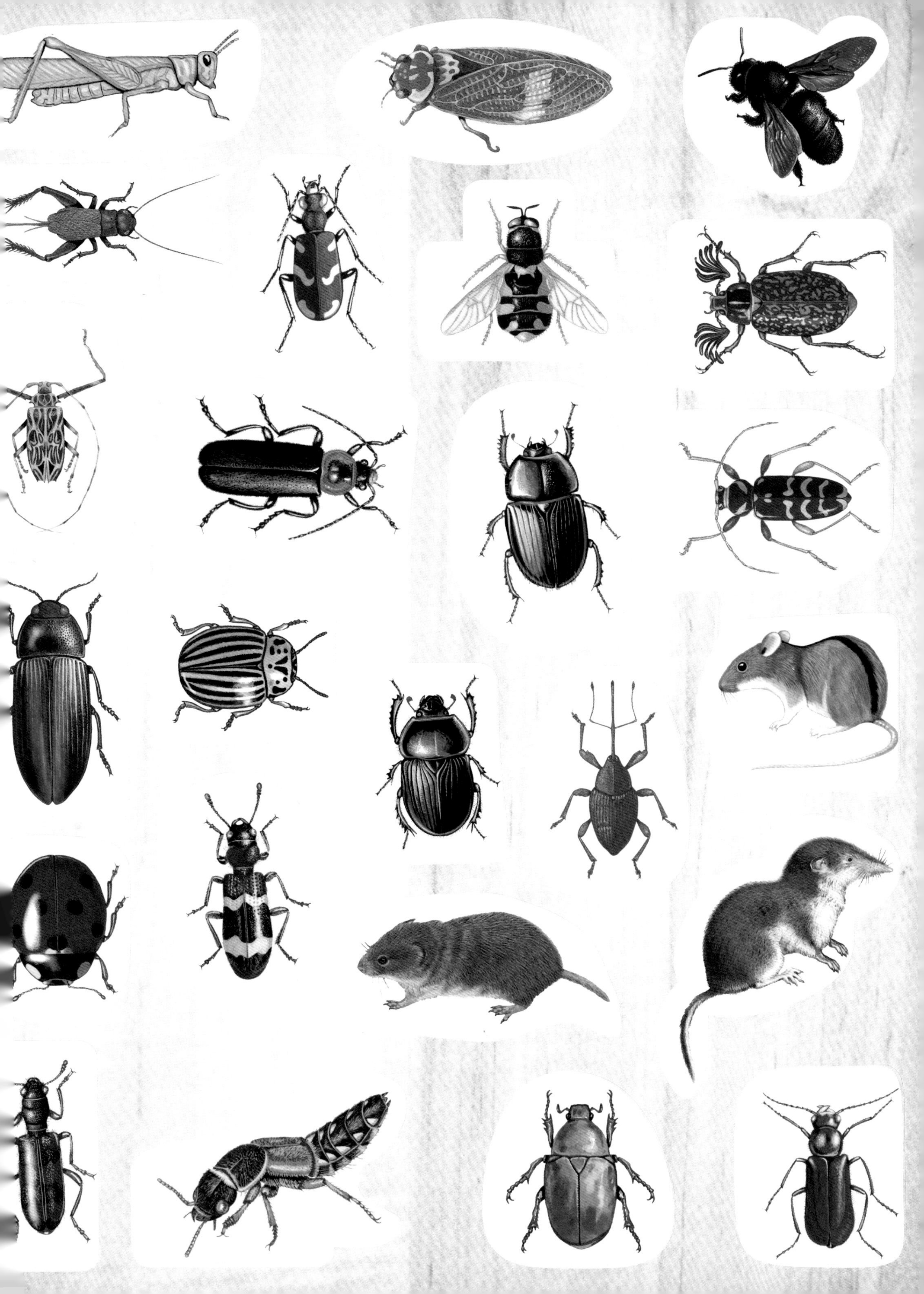